特色农产品质量安全管控“一品一策”丛书

无花果全产业链质量安全风险管控手册

于国光　刘　莉　主编

中国农业出版社
北　京

编 写 人 员

主　　编　于国光　刘　莉

副 主 编　陈　晓　郑蔚然　骆方超

技术指导　杨　华　王　强　褚田芬　赵学平

参　　编　（按姓氏笔画排序）

王夏君　任霞霞　刘玉红　余苏凤

张巧艳　盛玉祺　雷　玲

前　言

无花果属于蔷薇目桑科榕属的多年生木本植物，雌雄异花，花隐于囊状总花托，外观见果不见花，故名无花果。无花果果实口感香甜，含糖量高，富含多种维生素、氨基酸，膳食纤维、钙、硒等含量也明显高于其他水果，有预防心血管疾病、抗氧化、延缓衰老、预防癌症、增强消化功能、促进肠道功能等功效，具有很高的营养价值和药用价值。

浙江省是我国无花果的重要产区之一，无花果种植面积3万余亩，主要产地为金华、嘉兴、衢州、湖州等，主要栽培品种为麦氏衣陶芬、波姬红、布兰瑞克、青皮等。其中麦氏衣陶芬的活性成分以及营养成分远高于其他品种，是浙江省种植的代表品种。

在无花果生产中，要严格做好质量安全管控，以确保质量安全。如果没有做好质量安全管控，农药残留、重金属污染等会给无花果的质量安全带来较大的风险隐患。这些风险隐患的主要来源包括：无花果种植过程中农药使用不规范（超范围、超剂量或浓度、超次数使用，以及不遵守安全间隔期等）；土壤、肥料、灌溉水和空气中的铅、镉等重金属，以及无花果加工过程中的重金属。这些风险隐患，一定程度制约了无花果产业可持续发展。因此，无花果产业迫切需要先进适用的质量安全生产管控技术。编者根据多年的研究成果和生产实践经验，编写了《无花果全产业链质量安全风险管控手册》。本手册遵循全程控制的理念，从基地选择与规划、栽植、土肥水管理、果树修剪、花果管理、病虫鸟害防治、越冬管理、收储运、产品检测、生产记录与产品追溯环节提出了控制措施，以更好地推广无花果质量安全生产管控技术，保障无花果质量安全。

本手册在编写过程中，吸收了同行专家的研究成果，参考了国内外有关文献、标准和书籍，在此一并表示感谢。由于编者水平有限，疏漏与不足之处在所难免，敬请广大读者批评指正。

编　者

2023年6月

目　录

一、无花果生产概况

无花果（*Ficus carica* L.）属桑科（Moraceae）榕属（*Ficus*），别名映日果、奶浆果、蜜果、文仙果、隐花果等，为多年生亚热带果树。植株多分枝，叶片为小裂片卵形，边缘有不规则的钝齿；果实生长在叶腋间，形状为梨形；无花果实际有花，但花序为隐头花序，花朵藏于果实之中，平时食用的果实，主要是无花果的花。

无花果喜欢温暖湿润的气候，对土壤要求不高，在沙土、微酸性及盐碱地均可种植。无花果产量高，病虫害少，是投产见效较快的果树之一。无花果含有活性多糖、维生素、氨基酸、钙、铁等多种营养成分，除可以鲜食外，药用价值也很高。明代的《救荒本草》《滇南本草》《本草纲目》均有提及其药用价值，如健胃清肠、消食解毒等。此外，还有降血压、降血脂、抗氧化、增强免疫力等多种功效。随着人们生活水平及健康安全意识的提高，无花果越来越受到消费者的喜爱。

无花果原产于地中海沿岸，唐代从波斯传入我国，现南北地区均有栽培。2019年9月，在克罗地亚罗维尼召开的第六届世界无花果大会上，我国获得第七届世界无花果大会举办权（2023年8月，四川威远），标志着中国进入无花果主产国之列。中国无花果种植面积约40万亩*，主要分布在新疆、山东、江苏、浙江、福建、四川、陕西、广西等省份，年产量4万～5万t。浙江无花果种植面积3万余亩，主要产地为金华、嘉兴、衢州、湖州等，主要栽培品种为麦氏衣陶芬、波姬红、布兰瑞克、青皮等。其中，麦氏衣陶芬的活性成分及营养成分远高于其他品种，是浙江省种植的代表品种。金华市金东区气候干湿两季分明，雨量充足，属中亚热带季风气候，盛夏时气温高，无花果生长期以晴天高温天气为主，雨量较少，光能资源较为丰富，气候条件极其适合无花果的生长发育，病虫害也较少。目前，金东区无花果种植技术和鲜果品质居全国前列，是全国红皮无花果主产区之一，占全国销量的60%。近年来，全区大力发展无花果产业，打造无花果经济、做大无花果产业，不断推动无花果产业绿色发展和转型升级。无花果产业发展日趋成熟化，基本形成了无花果三产融合全产业链发展新模式，促进了农民增收、农业增效。

* 亩为非法定计量单位。1亩≈667m^2。——编者注

二、无花果质量安全风险隐患

风险监测和评估结果表明，无花果的主要质量安全风险为农药残留及重金属污染等。

（一）农药残留

杀虫灯、粘虫板等病虫害绿色防控技术，在无花果生产中应用较少。生产中需要正确使用病虫害绿色防控技术，并长期坚持，才能取得较好的病虫害防治效果。一些无花果生产基地对病

虫害绿色防控技术重视不够、不能长期坚持使用，或者技术掌握不透彻、不能正确地把握使用时机和使用方法，影响了病虫害绿色防控的效果；出现病虫害时，还是主要依赖化学农药进行防治，还存在选药不当、使用不科学等问题，从而导致农药残留风险。

（二）重金属污染

无花果可以吸收土壤、肥料、空气和水中的重金属，如果不严格控制，土壤、肥料（特别是来自规模化养殖场的有机肥）中可能会含有较多的重金属，成为无花果重金属污染的主要来源。

三、无花果质量安全关键控制点及技术

为了消除无花果生产过程中的风险隐患，确保无花果的质量安全，遵循全程控制的理念，在基地选择与规划、栽植、土肥水管理、果树修剪、花果管理、病虫鸟害防治、越冬管理、收储运、产品检测、生产记录与产品追溯等十大环节提出了控制措施。

（一）质量安全关键控制点

健壮栽培、清洁生产和绿色防控，是减少无花果中农药残留和重金属污染，保证无花果质量安全的三大重要途径。

1. 健壮栽培——提高无花果抗病虫害能力

✓ 种苗选育：选择抗病和抗逆性好的品种。

✓ 平衡施肥：适时、适量施肥。

✓ 科学修剪：通过科学修剪，营造良好的树形，并防止病虫害的发生和蔓延。

2. 清洁生产——创造有利于无花果树健康、不利于病虫害发

生的环境，控制农业投入品中的重金属含量，注意采收和加工过程中的清洁生产

✓ 产地环境：产地环境符合国家标准要求，生态环境优良。

✓ 清洁田园：及时清除病枝病叶，减少病虫害发生。

✓ 农业投入品：控制基肥、化肥中的重金属。

✓ 收储运：对操作者、器具和材料有严格的卫生要求，以避免细菌、病菌的侵染；对器具和材料中重金属有严格的含量要求，以避免重金属的迁移污染。

3. 绿色防控——减少化学农药的使用

✓ 优先选用农业防治、物理防治、生物防治等病虫害防控措施。

✓ 选用高效低毒低残留的农药种类，降低无花果中的农药残留风险。

（二）四大关键技术

1. 科学修剪

修剪是无花果栽培管理的重要工作之一，是获得优质高产

的重要保障。生产上应根据无花果的栽培方式、立地条件、品种特性及不同的生长发育期进行修剪。幼龄树的修剪包括定干、整形、修剪3个部分，主要目的是为了获得较好的树形。成龄树每年都要进行冬季修剪和夏季修剪。冬季修剪主要是对树体进行回缩更新，夏季修剪主要采用抹芽、摘心、拉枝、疏除副梢等方式，以达到平衡树势、通风透光、调节产量的目的。

2. 平衡施肥

做好无花果园的施肥，在为无花果树提供营养物质的同时，进行土壤改良，为无花果树生长创造良好的土壤生态条件，从而健壮树势、减少病虫害发生，使果树获得优质高产。

无花果树对肥料的需求具有连续性、集中性、阶段性和多样性的特点。一是无花果树分批多次采摘，需要多次施肥。二是无花果采摘后，需要及时补充土壤中的营养物质。三是无花果树在不同的生长发育阶段，对氮、磷、钾在数量上各有不同的要求。如萌芽至现蕾前，追肥以氮、磷为主；开花至果实迅速膨大前，追肥以平衡肥为主；结果期，追肥以磷、钾为主。

因此，要根据无花果树的生物学特性、无花果园的土壤特性及生产需要，选用合适的肥料种类，在合适的时间、位置、深度合理施用，做到平衡施肥。一是有机肥与无机肥相结合，重施有机肥。二是基肥与追肥相结合，以基肥为主。三是追肥以氮肥为主，并与磷、钾肥和微量元素肥相结合。四是以根部施肥为主，并与叶面施肥相结合。

3. 病虫害绿色防控

在无花果园的病虫害防控工作中，应优先选用农业防治、物理防治、生物防治等绿色防控措施。

（1）杀虫灯。尽量选择天敌友好型杀虫灯（如LED杀虫灯）。大面积、连片、持续使用，效果最佳。安装时按照产品说明，一

般每20亩1 ~ 2盏，根据实际地形、地貌设置密度；灯管在无花果树上方40 ~ 60 cm。杀虫灯开灯时间，应在无花果园害虫始发期，即4月下旬。每天日落后工作3 h即可（设置好程序，无须手动开关）。

（2）色板。选择蓝色和黄色粘虫色板。放置时间为5—10月，每亩25 ~ 30张。田间悬挂2 ~ 3周后更换。色板拆除后应妥善处置，以防止污染无花果园环境。

4.合理使用农药

病虫害发生比较严重，农业防治、物理防治、生物防治等措施达不到病虫害防控需要时，要科学合理地选择和使用化学农药进行病虫害防治。

（1）选对药。根据无花果病虫害发生种类和情况，选择防治效果好、低毒低残留的农药，对症下药，如吡唑醚菌酯、螺螨酯等。

（2）合理用。把握好农药的使用要点，如最佳的施用时间（病虫害发生前期或初期）、施用方式等；提倡药剂轮换使用，以免病虫害对农药抗性上升。

（3）保安全。严格把控农药的施药量或施药浓度、施药次数和安全间隔期，确保无花果质量安全。

四、无花果生产十项管理措施

（一）基地选择与规划

1. 基地选择

（1）选择背风向阳，地势开阔，光照充足，排水良好的沙壤土或轻黏壤土的地块，土层深厚肥沃，中性或微碱性土壤（pH 7.1 ～ 7.5最佳）。

（2）环境空气质量应符合《环境空气质量标准》（GB 3095—2018）的规定，土壤环境质量应符合《土壤环境质量　农用地土壤污染风险管控标准（试行）》（GB 15618—2018）的规定，灌溉水应符合《农田灌溉水质标准》（GB 5084—2021）的规定。

（3）无花果连作，新梢的生长程度、根系的发达程度均受抑制，而且叶片变小变薄，果实早落。因此，已多年种植无花果的园内不宜再种。有线虫危害的桑园、桃园，也不适宜种植无花果。

2. 果园规划

果园的规划应有利于保护和改善果园的生态环境、维护果园的生态平衡和生物多样性，发挥无花果树良种的优良特性。

（1）根据果园的规模、地形、地貌等，合理规划种植区、管理区、园区道路与排灌系统等。

（2）果园的种植区与办公区、生活区应隔离。

（3）种植区宜南北走向起垄。

（4）果园应设置专门的农业投入品仓库，以及投入品包装废弃物、垃圾及农业废弃物等收集装置。

（二）栽植

1. 栽培模式

采用设施栽培或露地栽培模式。设施栽培的棚体构造、棚膜选择、封棚、搭建棚架参照《种植塑料大棚工程技术规范》（GB/T 51057—2015）和《日光温室和塑料大棚结构与性能要求》（JB/T 10594—2006）的规定，日光温室应符合《日光温室 技术条件》（JB/T 10286—2013）的规定。

设施栽培

露地栽培

2.品种选择

根据建园要求及栽培目的选择适宜的品种。选择抗病和抗逆性好的品种；以鲜果上市为主的，宜选择果型大、品质好、较耐储运的品种，如麦氏衣陶芬、波姬红等；以加工果干为主的，宜选择大小适中、色泽黄绿、可溶性固形物含量高的品种，如巴劳奈、金傲芬等；用于加工果酒的，宜选择可溶性固形物含量高的品种，如青皮、青紫等。

3. 苗木质量

苗木质量宜符合表1要求。

表1 苗木质量

项目		苗木质量		
		一级	二级	三级
根（1年生）	侧根数	6条以上	5条以上	4条以上
	侧根长	20 cm以上	15～20 cm	15～20 cm
	侧根基部粗度	0.2 cm以上	0.15～0.2 cm	0.15～0.2 cm
	侧根分布	侧根分布均匀，不偏于一方，舒展，不卷曲，有较多侧根和须根	侧根分布均匀，不偏于一方，舒展，不卷曲，有较多侧根和须根	舒展，不卷曲，有较多侧根和须根
茎（1年生）	茎基部粗度	2 cm以上	1.5 cm以上	1 cm以上
	芽眼数	6个以上	5个以上	4个以上
	芽眼状态	健壮、饱满，无物理损伤，无冻伤	健壮、饱满，无物理损伤，无冻伤	健壮、饱满，无物理损伤，无冻伤
	茎高度	60 cm以上	45～60 cm	30～45 cm

（续）

项目	苗木质量		
	一级	二级	三级
根皮与茎皮	无干缩皱皮、无死皮、无烂皮		
病虫害	无病虫害		

注：侧根数指的是基部粗度0.2 cm、长度15 cm以上的侧根的数量；侧根长为侧根基部至断根处的长度；茎基部粗度为1年生茎基部5 cm处节间的最大直径。

4. 定植

（1）时期。一般分为秋季定植和春季定植两个时期。秋季定植适于气候温暖的地区，苗木经过较长时间的恢复，翌年春季就能正常生长。气温较低的地区，以春季定植为宜，以防苗木受冻，一般3月中旬至4月上旬栽植为宜。

（2）密度。根据品种特点和整形方式，确定栽植密度。栽植行距2.8～3 m，株距0.5～2 m，每亩110～460株。后期根据果树的长势逐年修枝间伐，保持合适的空间密度。

（3）整地及定植穴准备。做好园地的灌水沟和排水沟建设，并进行园地的翻耕和平整。定植畦宽2.8～3 m、沟深

0.3 ～ 0.5 m。畦上按株距挖定植穴，穴深40 ～ 60 cm、直径60 ～ 80 cm。每穴施腐熟的有机肥20 ～ 30 kg，肥料与表土混合后填入穴底。

（4）栽植方法。栽植前，无花果苗用3 ～ 5波美度石硫合剂喷洒，根系用30 %甲霜·噁霉灵+辛硫磷2 000倍液浸泡15 min，晾干。定植时将苗木的根系在定植穴中均匀放置，填土至穴深的1/2，轻提苗木，使根系与土壤密接，然后将定植穴填平，培土压实，浇足底水，盖上2 ～ 3 cm的表土。铺好滴灌设备，盖上地膜保湿防草。

（三）土肥水管理

1. 土壤管理

无花果根系要求土壤既能保水又不积水，喜欢中性至微碱性土壤，对钙的需求量大（是氮素吸收量的1.5倍）。

（1）土壤改良及表层土壤管理。无花果果园在定植前，宜进行土壤改良。具体措施：定植前，每亩施有机肥（粪肥、秸秆、杂草、饼肥等）4 000 ～ 5 000 kg，同时根据土壤的pH亩施石灰

50 ～ 100 kg。

表层土壤管理包括清耕套种、生草和覆盖。在果园头1 ～ 3年，采取清耕和种植绿肥相结合，以加速园地的熟化。冬季种植紫云英、豌豆和蚕豆等，夏季种植豇豆和花生等。种植绿肥必须增施肥料，以免与无花果争肥。3年以上的果园一般已成园，以生草栽培为宜。夏季或冬季，可以采用稻草覆盖。

（2）深翻改土。宜每年进行土壤深翻改土，可于秋季采果后结合施基肥进行，也可在夏季结合翻压绿肥进行。采用开沟深

翻、扩穴深翻等方式，在距离植株50 cm处，深翻80 ~ 100 cm，成年果园隔行深翻，幼年果园每行深翻。

（3）中耕松土。7—10月，进行2 ~ 4次中耕，中耕深度10 ~ 15 cm。中耕宜与浇水、施肥、除草相结合。

（4）除草。宜采用防草布覆盖和人工除草，并结合中耕进行除草。不得使用化学除草剂。

防草布覆盖

（5）培土。结合清沟等措施，在畦面上覆盖3 ～ 5 cm的熟土。

（6）土壤覆盖。高温或严寒季节，用稻草等覆盖园地，厚度0.2 ～ 0.3 m。

2. 施肥管理

（1）原则。

①推荐配方施肥，根据土壤肥力、树势和产量等情况确定施肥量，每产100 kg果每年需施纯氮（N）0.25 ～ 0.75 kg、磷（P_2O_5）0.25 ～ 0.75 kg、钾（K_2O）0.35 ～ 1.1 kg。肥料的选择和使用应符合《绿色食品　肥料使用准则》（NY/T 394—2013）的规定。

②基肥占总施肥量的60%，追肥占总施肥量的40%。基肥以有机肥为主，追肥以速效肥为主，且宜少量多次。

③无花果喜弱碱性，施肥时可适当加入钙肥等调节土壤酸碱性。

④宜在降雨前施肥，或结合灌水进行施肥。

（2）基肥。秋季落叶后至翌年早春萌动前施用，幼树每亩施有机肥500 ～ 1 000 kg，成龄树每亩施有机肥1 500 ～ 2 500 kg，根据pH加过磷酸钙或钙镁磷肥30 ～ 70 kg。开条沟或环状沟施肥，沟深20 ～ 30 cm。

(3) 追肥。

①萌芽至现蕾前，追肥以氮、磷为主，每亩施复合肥10 ~ 15 kg，采用沟施，沟深20 ~ 30 cm；也可结合滴灌施肥，每亩5 ~ 10 kg，连续3次，间隔7 ~ 10d。

②开花至果实迅速膨大前，追肥以平衡肥为主，每亩施复合肥10 ~ 15 kg。采用沟施，沟深20 ~ 30 cm，或结合滴灌施肥。

③结果期，追肥以磷、钾为主，每亩施复合肥10 ~ 15 kg。采用沟施，沟深20 ~ 30 cm，或滴灌施肥，并根据需要喷施含钙、镁、锌、铁、硒、硼等微量元素的水溶性叶面肥。

沟施

滴灌施肥

3. 水分管理

（1）根据不同气候、生长期、土壤湿度进行灌水。需水量较大的萌芽期、幼果膨大期，应及时灌水。果实成熟期，应适当减少灌水。落叶后结合秋耕灌1次冬水。采用喷灌、滴灌、浇灌等方式浇水，应避开高温，每次浇水量以渗透根系层为宜。

（2）降雨多的季节注意及时排水，保持田间不积水。

（四）果树修剪

1. 原则

（1）冬季修剪。以冬季修剪为主，落叶后至萌芽前进行。根据品种、整形方式特点、树龄、计划产量等，确定留枝量和更新方式。

①夏果专用种，从轻疏枝，不宜短截；以疏除为主，疏除细枝、密枝，生长过长的老枝分几年回缩剪截。

②秋果专用种，疏枝和短截相结合，多保留长度适度的健壮结果母枝，剪去长势强或近于徒长的母枝先端。

③夏秋果兼用种，疏枝长放（夏果）、回缩短截（秋果）相结合。夏果要求树冠内部枝条短而充实，结果部位越靠近基部越好，

此类枝条不短截，外围枝在2 ~ 3节短截。

（2）生长季修剪。生长季节内，采用抹芽、摘心、拉枝、疏除副梢等方式进行修剪，平衡树势，调节产量。春季及时抹去多余的芽，疏除萌蘖枝。夏季修剪以“疏密去杂，冠内通透”为原则，包括疏除侧枝、摘心、拉枝等；新梢叶片生长至第16片时要及时摘心。

（3）不同树龄修剪。

幼树修剪：以培养树形为主，从轻修剪，夏季对生长旺盛的枝梢多摘心，延长枝留50 cm左右剪截。

初结果树修剪：冬季对骨干枝延长头短截，夏季加强摘心和短截，发芽后开始控梢，保证下部坐果质量。

盛果树修剪：控强枝、扶弱枝，强化结果母枝的生长势。

2. 操作要点

（1）低干开心形。主干高度40 cm左右，留3 ~ 5个主枝，树高控制在2.5 m以下。该树形结果母枝部位较低，树势容易控制，树冠内通风透光较理想，适用于夏秋果兼用种，但抗风性较差。整形方法：苗木栽植当年，留40 ~ 50 cm定干，选择方位角和生长势较好的3 ~ 5个分枝作为主枝培育，长至40 ~ 60 cm时重摘心，促发4 ~ 6个二级主枝。翌年春对二级主枝选外侧饱满芽进行短截，促进短截枝萌发，以继续扩大树冠。3年以后每年冬季对主枝延长枝进行短截，以促发健壮枝，并剪除过密枝、丛生枝、病虫枝、衰老枝和干枯枝等。当结果母枝衰老时，在基部留1～2个芽，回缩老枝，培养新的枝组。

(2) 丛状形。树冠比较矮小，无主干，呈丛生状，树高控制在2 m左右，结果枝控制在低位。该树形修剪容易，适用于耐重修剪、发枝旺、枝梢生长量大、容易受冻害的品种。整形方法：

栽植当年，于距基部10 cm左右处重截，令其萌发3 ～ 5个新枝；翌年选留2 ～ 3个枝条重剪；第3年留4 ～ 5个形成主枝；第4年在主枝上均匀培养10 ～ 15个结果母枝；以后每年的结果枝控制在30个左右。当结果母枝衰老时，从基部疏除，另选健壮的一年生枝重新培养。

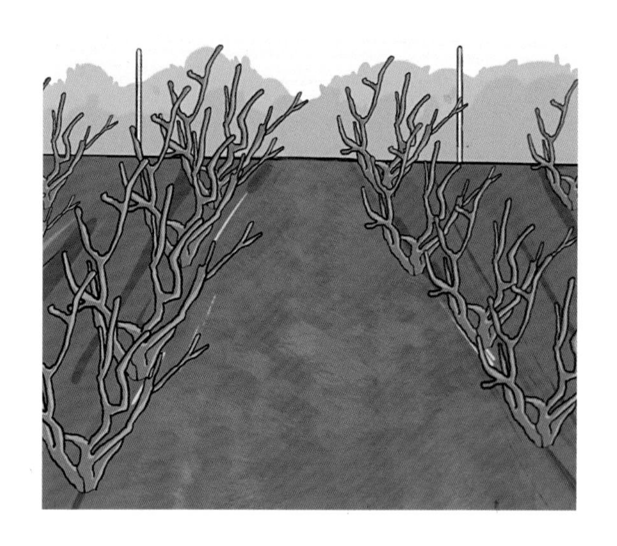

（3）“一”字形。采用二主枝矮化水平整形，1年生苗定植后留干高15 cm左右剪截，顺畦方向培养2根新梢作预备主枝，秋冬季将其拉成水平状，翌年春季主枝两侧间隔20 ～ 25 cm交错选

留结果枝，主枝先端再培养延长枝，主枝延长直到与相邻主枝相交为止。冬季修剪时，主枝延长枝，剪去全长的1/4 ~ 1/3，直到充实部位；当年生结果枝，仅留基部的2 ~ 3个芽重截，作为下年的结果母枝。每一结果母枝只留一根结果枝，结果后冬季留2 ~ 3个芽重复更新修剪。

（五）花果管理

1. 保花保果

无花果在生长过程中会出现落果情况。出现落果情况时，应及时查找原因，并采取针对性措施消除导致落果的因素。

（1）土壤的酸碱度不合适。无花果喜中性、偏碱性土壤。当遇到酸性土壤，就会影响根系活力，营养吸收不良，造成落果。当土壤偏酸时，宜用石灰或黄腐酸钾等来调节土壤的酸碱度。

(2) 水分管理跟不上。无花果叶片蒸发快，尤其新梢迅速生长期和果实快速膨大期需水量大，如遇干旱导致水分供应不上，会使果肉变得粗糙，果实变小，产量和质量下降，严重的导致无花果干缩脱落。

(3) 病虫害危害。霉疫病、线虫、天牛、螨类的危害，均会造成无花果落果。

(4) 施肥不科学。缺钙、缺氮、缺钾，均会造成无花果落果。

2. 促进成熟

当果皮由绿色转变为黄白色或赤褐色时，合理剪留结果枝数量，疏除密枝，摘去老叶留叶柄，改善树冠光照条件，使树体通风透光良好，促进着色和成熟。生产中宜采用自然方式促进着色和成熟。

(六) 病虫鸟害防治

1. 防治原则

遵循“预防为主、综合防治”的原则，优先采用农业防治、物理防治、生物防治，科学使用高效低毒、低残留、低风险的化学农药，将生物危害控制在允许阈值内。

2. 农业防治

（1）选用抗病和抗逆性好的品种。

（2）加强栽培管理，保持果园通风透光、土壤疏松通气。

（3）平衡施肥，提高植株自身的抗病虫害能力。

（4）清洁田园，及时清除病虫危害的枝条（叶）。

3. 物理防治

（1）每亩设置黄板或蓝板20 ~ 30张，杀虫灯每15亩1盏。

（2）设置防鸟网隔离鸟类。

（3）人工捕杀桑天牛、象鼻虫等。

（4）用含糖醋药液的食物诱捕果蝇等。

4. 生物防治

用芽孢杆菌、哈茨木霉菌、苏云金杆菌等生物农药防治病虫害。

5. 化学防治

选用高效、低毒、低残留的农药品种，交替轮换使用不同作用机理的农药品种。农药品种选用应符合《绿色食品　农药使用准则》（NY/T 393—2013）的规定。

（七）越冬管理

1. 冬季保护措施

（1）入冬前把主枝和侧枝用涂白剂涂白。

（2）对麦氏衣陶芬、波姬红、金傲芬等不耐寒品种，在寒潮侵袭前进行修剪埋土防冻。

（3）严寒来临前，采用稻草覆盖园地，以及设风障、绑扎稻草绳等保温方式防冻。绑扎稻草绳不宜太早，以提高无花果树抗冻能力；早春解绑不能过早，以防倒春寒。

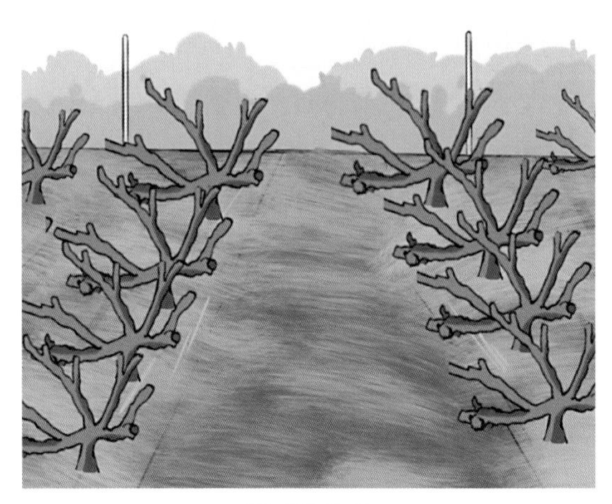

稻草覆盖

2. 冻害处理

当地上枝干受冻枯死后，可将其剪掉，地下部的不定芽将会萌发，重新培养树冠。注意春季剪除抽干枝、枯死枝不宜过早，以防再次受寒抽干。

（八）收储运

1. 采收

（1）当地鲜销的无花果，应在九成熟采收，即果实长至标准大小、表现出品种固有色泽，且稍微发软时采收；如外运，八成熟为宜，即果实长到固定大小，且基本转色但未明显软化时采收；如加工干果，可在成熟度再低一些时采收；酿酒，可在完全成熟时采收。果实成熟期，每天应将达到采收标准的果实采收完；不得隔日采收，晴天早、晚温度较低时采收为宜。

（2）采收时，采摘人员戴上薄橡胶手套，用手托住果实，手指轻压果梗并折断取下果实，保留小段果梗，以避免果皮撕裂；也可用剪刀带果柄1 ～ 2 cm剪下。注意不要伤及果皮，不要捏压

果肉，轻拿、轻放。将采收下来的果子放在垫有软布的竹筐或泡沫箱中，容器不宜过大（容量5 kg以下），以防果实挤压腐烂。

2. 储藏、包装及运输

（1）采收、分选、储藏、包装、运输尽量做到一体化，做到边采收，边剔除畸形果、腐烂果、病虫果、伤果、过熟果、裂果，根据果实外形、大小、色泽进行分级，将合格的果实轻轻放入有衬垫的塑料箱或泡沫箱、包装盒内，实行一次装箱、装盒，并及时运往销售点、加工厂，或送入冷库储藏，切不可淋雨或暴晒。

（2）同一最小包装单位应为同品种、同级产品和同规格产品。包装储运图示标志应符合《包装储运图示标志》（GB/T 191—2008）的规定，标签应符合《食品安全国家标准　预包装食品标签通则》（GB 7718—2011）的规定。

（3）采下的无花果，宜适时销售。不能适时销售的无花果宜采用冷藏保鲜或加工。冷藏保鲜的方法是：包装好的无花果入库前预冷3 h，将果实温度降至5 ℃以下，然后置于温度0 ~ 1 ℃、空气相对湿度85% ~ 90%的冷库中储藏。

（4）运输工具清洁、干燥、无异味、无污染，严禁与有毒、有异味、易污染的物品混装。运输时防雨、防暴晒，装卸时轻放轻卸。宜使用冷藏车运输。

（九）产品检测

产品应进行检测，合格后方可上市销售。检测报告至少保存2年。无花果合格产品的要求如下：

1. 感官要求

应符合表2的要求。

表2　感官要求

项目	要求	检验方法
果形	具有该品种典型特征	目测
色泽	固有色泽	目测
果面	平滑，无裂果、无腐烂、无病斑、无药斑、无虫咬、无机械损伤	目测
果蒂	完整	目测
口感、风味	味甜、软糯	味觉

2. 理化要求

应符合表3的要求。

表3　理化要求

项目	指标	检验方法
单果重（g）	≥40	用天平（感量为0.1 g）准确称取800～1 000 g无花果，统计无花果个数，计算单果重。重复5次，求平均值
可溶性固形物（%）	≥16	NY/T 2637—2014

（续）

项目	指标	检验方法
总糖（g/100 g）	≥13	GB 5009.7—2016
可滴定酸（%）	≥0.35	GB 12456—2021
氨基酸总量（%）	≥0.7	GB 5009.124—2016

3. 污染物限量

应符合《食品安全国家标准　食品中污染物限量》（GB 2762—2022）的规定。

4. 农药最大残留限量

应符合《食品安全国家标准　食品中农药最大残留限量》（GB 2763—2021）的规定。

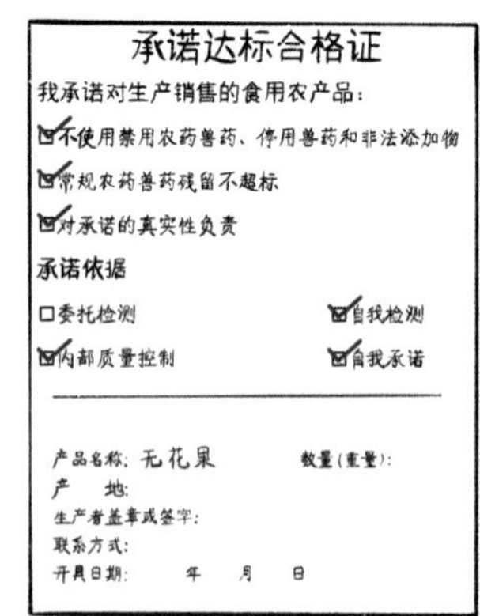
承诺达标合格证

我承诺对生产销售的食用农产品：

☑不使用禁用农药兽药、停用兽药和非法添加物

☑常规农药兽药残留不超标

☑对承诺的真实性负责

承诺依据

☐委托检测　　☑自我检测

☑内部质量控制　　☑自我承诺

产品名称：无花果　　数量（重量）：

产　地：

生产者盖章或签字：

联系方式：

开具日期：　　年　　月　　日

（十）生产记录与产品追溯

1.生产记录

（1）详细记录主要农事活动，特别是农药和肥料的购买及使用情况（如名称、购买日期、购买地点、使用日期、使用量、使用方法、使用人员等），并保存2年以上。

（2）应记录上市无花果的销售日期、品种、数量及销售对象、联系电话等。

（3）禁止伪造生产记录，以便实现无花果的可溯源。

2. 产品追溯

鼓励应用二维码和网络等技术，建立无花果追溯信息体系，将无花果生产、加工、流通、销售等各节点信息互联互通，实现无花果产品从生产到消费的全程质量管控。

五、产品加工

无花果不但可以鲜食，还可以加工成果干、果脯、果酱、罐头、果汁、保健饮料、果酒等产品。无花果的加工应满足以下条件：

1. 加工场所

（1）环境条件。

①应远离交通主干道及排放“三废”的工业企业，周围不得有粉尘、有害气体和其他扩散性污染源。

②大气环境应符合《环境空气质量标准》（GB 3095—2012）中规定的二级标准要求。

③加工用水应符合《生活饮用水卫生标准》（GB 5749—2022）的要求。

（2）厂区布局。

①厂区应根据加工规模和产品工艺要求合理布局，应设置与加工产品种类、数量相适应的厂房、仓库和场地。加工区应与生活区和办公区隔离。

②厂区环境应整洁、干净、无异味。道路应为硬质路面，排

水通畅，地面无积水，绿化良好。

③厂房布局应考虑相互间的地理位置及朝向。锅炉房、厕所应处于生产车间的下风口。仓库应设在干燥处。

④厂房布局应满足加工工艺对温度、湿度和其他工艺参数的要求，防止毗邻车间相互干扰。

（3）加工车间。

①加工车间内部布置应与工艺流程和加工规模相适应，能满足工艺、质量和卫生的要求。

②车间地面应坚固、平整、光洁。

③车间通风、通气良好，应安装足够的排湿、排气设备。

④车间应有防鼠、防蝇、防虫措施，如安装纱门、纱窗、排水口网罩、通风口网罩等。

⑤车间内不得存放易污染无花果的物品，不得存放与加工无花果无关的其他物品。

2. 加工设备和用具

（1）应用无毒、无异味、无污染的材料制成。

（2）每次使用前，必须清洁干净。新设备和用具必须清除表面的防锈油等不洁物，旧设备和用具应进行除锈、除尘、除异物等操作。

(3) 加工设备和用具应妥善维护，禁止与有毒、有害、有异味、易污染的物品接触。

3. 人员

(1) 培训。人员上岗前应进行相关技术、技能和卫生知识的培训，掌握必要的技术、技能和知识。

(2) 卫生。

①应定期进行健康检查。

②进入工作场所前，应洗手、更衣、戴帽、戴口罩、换鞋，不得将与加工无关的个人用品和饰物带入，不得在工作场所化妆、吃东西、吸烟和吐痰。

4. 加工

(1) 加工过程中，不添加任何外源物质。

(2) 加工场所不得使用灭蚊药、灭鼠药、驱虫剂、消毒剂等。

(3) 加工废弃物应及时清理出现场，妥善处理，以免污染加工品和环境。

清洗

切片

烘干

六、生产投入品管理

（一）农资采购

一要看证照

要到经营证照齐全、经营信誉良好的合法农资商店购买。不要从流动商贩或无证经营的农资商店购买。

出售

二要看标签

要认真查看产品包装和标签标识上的农药名称、有效成分及含量、农药登记证号、农药生产许可证号或农药生产批准文件号、产品标准号、企业名称及联系方式、生产日期、产品批号、有效期、用途、使用技术和使用方法、毒性等事项，查验产品质量合格证。不要盲目轻信广告宣传和商家的推荐。不要使用过期农药。

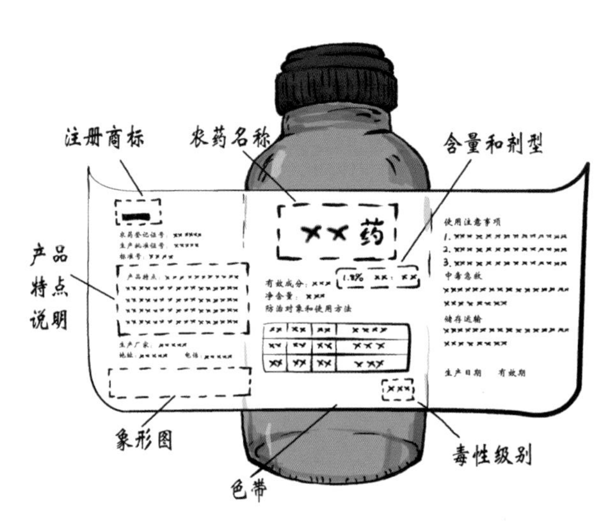

三要索取票据

要向农资经营者索要销售凭证，并连同产品包装物、标签等妥善保存好，以备出现质量等问题时作为索赔依据。不要接受未注明品种、名称、数量、价格及销售者的字据或收条。

（二）农资存放

应设置专门的农业投入品仓库，仓库应清洁、干燥、安全，有相应的标识，并配备通风、防潮、防火、防爆等设施。不同种类的农业投入品应分区存放；农药可以根据不同防治对象分区存放，并清晰标识，避免错拿。危险品应有危险警告标识；有专人管理，并有进出库领用记录。

（三）农资使用

为保障操作者身体安全，特别是预防农药中毒，操作者作业时须穿戴保护装备，如帽子、保护眼罩、口罩、手套、防护服等。

身体不舒服时，不宜喷洒农药。

喷洒农药后，出现呼吸困难、呕吐、抽搐等症状时应及时就医，并准确告诉医生喷洒农药的名称及种类。

（四）废弃物处置

农业废弃物，特别是农药使用后的包装物（空农药瓶、农药袋子等），以及剩余药液或过期的药液，应妥善收集和处理，不得随意丢弃。

附　　录

附录1　农药基本知识

农药分类

杀　虫　剂

主要用来防治农、林、卫生、储粮等方面的害虫。

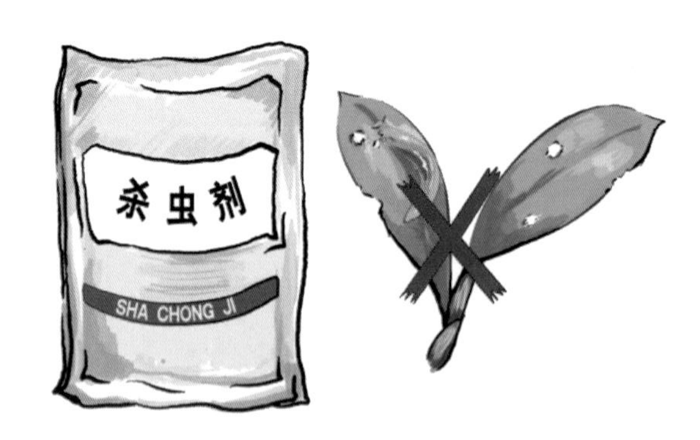

杀　菌　剂

对植物体内的真菌、细菌或病毒等具有杀灭或抑制作用，用以预防或防治作物各种病害的药剂。

除 草 剂

用来杀灭或控制杂草生长的农药，也称除莠剂。

植物生长调节剂

指人工合成或具有和天然植物激素相似生长发育调节作用的有机化合物。

农药毒性标识

农药毒性分为剧毒、高毒、中等毒、低毒、微毒5个级别。

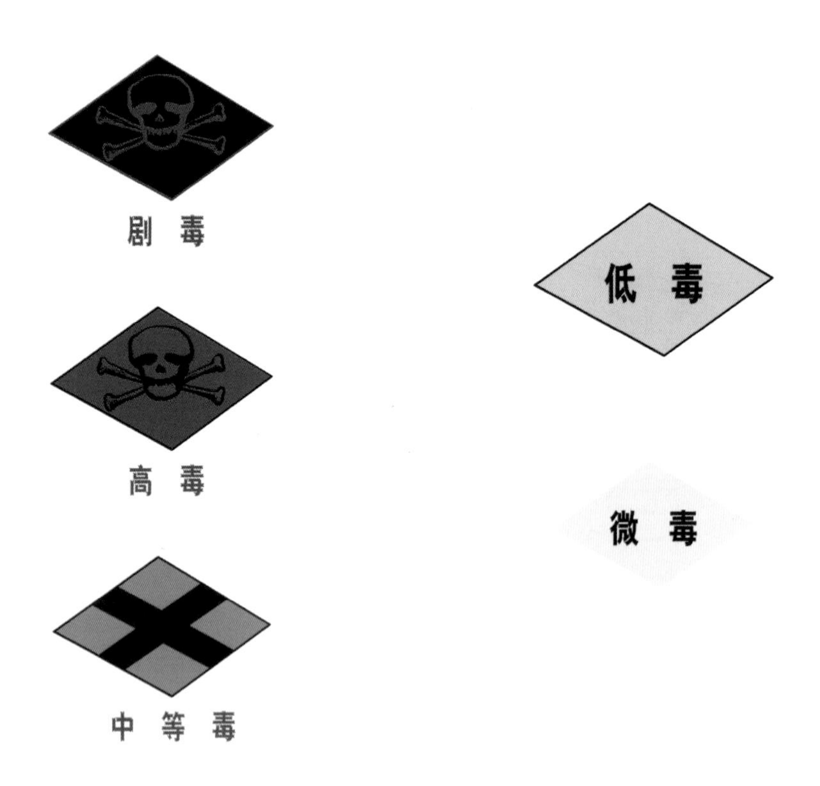

象形图

象形图应当根据产品实际使用的操作要求和顺序排列，包括储存象形图、操作象形图、忠告象形图、警告象形图。

储存象形图	放在儿童接触不到的地方，并加锁		
操作象形图	配制液体农药时	配制固体农药时	喷药时
忠告象形图	戴手套	戴防护罩	戴防毒面具
	用药后需清洗	戴口罩	穿胶靴
警告象形图	危险/对家畜有害		危险/对鱼有害，不要污染湖泊、池塘和小溪

附录2　无花果树主要病虫鸟害防治方法

防治对象	防治方法
桑天牛	（1）初冬，树干和大枝涂白（生石灰10份、硫黄1份、水40份） （2）5月中旬成虫产卵前，人工捕杀成虫。早晚捕捉成虫，雨后捕捉效果更佳 （3）对有新鲜虫粪的树干，用钩杀器钩杀幼虫；或在最后一个排粪口，将高效氯氰菊酯稀释，用注射器注入虫孔，洞口用湿泥巴封住；或用茶籽饼与高效氯氰菊酯加水混合成膏状物，堵塞虫孔，毒杀幼虫
线虫	春季，用10亿CFU/mL蜡质芽孢杆菌每亩4～7 L或41.7%氟吡菌酰胺0.024～0.03 mL/株，兑水灌根
果蝇	（1）糖醋药液（如吡丙醚）诱捕果蝇 （2）及时采收，防止果实过度成熟、腐烂
象鼻虫	5%高效氯氰菊酯1 000～1 500倍液喷施，每季最多使用2次，安全间隔期21 d
螨类	（1）冬季清园，扫除落叶 （2）保护利用黑襟毛瓢虫、食螨瓢虫等天敌 （3）萌动期，喷施3～5波美度石硫合剂 （4）虫害发生期，99%矿物油150～300倍液喷施；或240g/L螺螨酯4 000～6 000倍液喷施。每季最多使用1次，安全间隔期30d

（续）

防治对象	防治方法
炭疽病	（1）加强栽培管理，保持果园通风透光、土壤疏松通气 （2）发病初期（6月上旬开始），32.5%苯甲·嘧菌酯1 000～2 000倍液喷施，每季最多使用2次，安全间隔期21d；或25%吡唑醚菌酯1 000～2 000倍液喷施，每季最多使用2次，安全间隔期28d
霜疫病	（1）多雨地区，采用避雨栽培 （2）加强栽培管理和整形修剪，保持果园通风透光 （3）覆盖地膜或地布，以隔离土壤的病菌 （4）6月初，用1：2：200波尔多液，每隔7～10d喷1次，连喷3～5次。或发病初期，687.5g/L氟菌·霜霉威750～1 500倍液喷施，每季最多使用2次，安全间隔期21d
锈病	发病初期，用25%三唑酮1 000～2 000倍液喷施，每季最多使用2次，安全间隔期20d；或12.5%氟环唑1 000～2 000倍液喷施，每季最多使用2次，安全间隔期21d
根腐病	（1）苗床、定植穴，用30%甲霜·噁霉灵800倍液进行土壤消毒 （2）扦插前，用30%甲霜·噁霉灵+25%嘧菌酯2 000倍液浸泡插条1h （3）已定植幼苗感病后，施用20%五氯硝基苯+50%甲霜灵·锰锌300倍液灌根
鸟	果实开始软化前，安装防鸟网

附录3 无花果树上禁止使用的农药品种

根据中华人民共和国农业部公告 第199号、第632号、第1157号、第1586号、第2032号、第2445号，农业农村部公告第148号，农业部、工业和信息化部、国家质量监督检验检疫总局公告第1745号，浙政办发〔2001〕34号，浙食药监〔2013〕208号等规定，以下农药禁止在无花果树上使用：

六六六，滴滴涕，毒杀芬，二溴氯丙烷，杀虫脒，二溴乙烷，除草醚，艾氏剂，狄氏剂，汞制剂，砷类、铅类，敌枯双，氟乙酰胺，甘氟，毒鼠强，氟乙酸钠，毒鼠硅，甲胺磷，对硫磷，甲基对硫磷，久效磷，磷胺，苯线磷，地虫硫磷，甲基硫环磷，磷化钙，磷化镁，磷化锌，硫线磷，蝇毒磷，治螟磷，特丁硫磷，氯磺隆，胺苯磺隆，甲磺隆，福美胂，福美甲胂，三氯杀螨醇，林丹，硫丹，溴甲烷，氟虫胺，杀扑磷，百草枯，2，4-滴丁酯，氟虫腈，甲拌磷，甲基异柳磷，克百威，水胺硫磷，氧乐果，灭多威，涕灭威，灭线磷，内吸磷，硫环磷，氯唑磷，乙酰甲胺磷，丁硫克百威，乐果，氰戊菊酯。

国家新禁用农药自动列入。

附录4　无花果农药最大残留限量

序号	农药中文名称	农药英文名称	食品名称	限量（mg/kg）
1	保棉磷	azinphos-methyl	无花果	1
2	倍硫磷	fenthion	无花果	0.05
3	苯线磷	fenamiphos	无花果	0.02
4	草铵膦	glufosinate-ammonium	无花果	0.1
5	草甘膦	glyphosate	无花果	0.1
6	敌百虫	trichlorfon	无花果	0.2
7	敌敌畏	dichlorvos	无花果	0.2
8	地虫硫磷	fonofos	无花果	0.01
9	啶虫脒	acetamiprid	无花果	2
10	对硫磷	parathion	无花果	0.01
11	多菌灵	carbendazim	无花果	0.5
12	氟虫腈	fipronil	无花果	0.02
13	甲胺磷	methamidophos	无花果	0.05

（续）

序号	农药中文名称	农药英文名称	食品名称	限量（mg/kg）
14	甲拌磷	phorate	无花果	0.01
15	甲基对硫磷	parathion-methyl	无花果	0.02
16	甲基硫环磷	phosfolan-methyl	无花果	0.03*
17	甲基异柳磷	isofenphos-methyl	无花果	0.01*
18	甲氰菊酯	fenpropathrin	无花果	5
19	久效磷	monocrotophos	无花果	0.03
20	克百威	carbofuran	无花果	0.02
21	磷胺	phosphamidon	无花果	0.05
22	硫环磷	phosfolan	无花果	0.03
23	硫线磷	cadusafos	无花果	0.02
24	氯菊酯	permethrin	无花果	2
25	氯唑磷	isazofos	无花果	0.01
26	马拉硫磷	malathion	无花果	0.2
27	灭多威	methomyl	无花果	0.2

（续）

序号	农药中文名称	农药英文名称	食品名称	限量（mg/kg）
28	灭线磷	ethoprophos	无花果	0.02
29	内吸磷	demeton	无花果	0.02
30	氰戊菊酯和S-氰戊菊酯	fenvalerate and esfenvalerate	无花果	0.2
31	杀虫脒	chlordimeform	无花果	0.01
32	杀螟硫磷	fenitrothion	无花果	0.5*
33	杀扑磷	methidathion	无花果	0.05
34	水胺硫磷	isocarbophos	无花果	0.05
35	特丁硫磷	terbufos	无花果	0.01*
36	涕灭威	aldicarb	无花果	0.02
37	辛硫磷	phoxim	无花果	0.05
38	氧乐果	omethoate	无花果	0.02
39	蝇毒磷	coumaphos	无花果	0.05
40	治螟磷	sulfotep	无花果	0.01

（续）

序号	农药中文名称	农药英文名称	食品名称	限量（mg/kg）
41	艾氏剂	aldrin	无花果	0.05
42	滴滴涕	DDT	无花果	0.05
43	狄氏剂	dieldrin	无花果	0.02
44	毒杀芬	camphechlor	无花果	0.05*
45	六六六	HCH	无花果	0.05
46	氯丹	chlordane	无花果	0.02
47	灭蚁灵	mirex	无花果	0.01
48	七氯	heptachlor	无花果	0.01
49	异狄氏剂	endrin	无花果	0.05
50	吡唑醚菌酯	pyraclostrobin	无花果	5
51	多菌灵	carbendazim	无花果	0.5
52	马拉硫磷	malathion	无花果	0.2
53	胺苯磺隆	ethametsulfuron	热带和亚热带水果	0.01

（续）

序号	农药中文名称	农药英文名称	食品名称	限量（mg/kg）
54	巴毒磷	crotoxyphos	热带和亚热带水果	0.02*
55	倍硫磷	fenthion	热带和亚热带水果	0.05
56	苯线磷	fenamiphos	热带和亚热带水果	0.02
57	丙酯杀螨醇	chloropropylate	热带和亚热带水果	0.02*
58	草铵膦	glufosinate-ammonium	热带和亚热带水果	0.1
59	草甘膦	glyphosate	热带和亚热带水果	0.1
60	草枯醚	chlornitrofen	热带和亚热带水果	0.01*
61	草芽畏	2，3，6-TBA	热带和亚热带水果	0.01*
62	敌百虫	trichlorfon	热带和亚热带水果	0.2

（续）

序号	农药中文名称	农药英文名称	食品名称	限量（mg/kg）
63	敌敌畏	dichlorvos	热带和亚热带水果	0.2
64	地虫硫磷	fonofos	热带和亚热带水果	0.01
65	丁硫克百威	carbosulfan	热带和亚热带水果	0.01
66	啶虫脒	acetamiprid	热带和亚热带水果	2
67	毒虫畏	chlorfenvinphos	热带和亚热带水果	0.01
68	毒菌酚	hexachlorophene	热带和亚热带水果	0.01*
69	对硫磷	parathion	热带和亚热带水果	0.01
70	二溴磷	naled	热带和亚热带水果	0.01*
71	氟虫腈	fipronil	热带和亚热带水果	0.02

（续）

序号	农药中文名称	农药英文名称	食品名称	限量（mg/kg）
72	氟除草醚	fluoronitrofen	热带和亚热带水果	0.01*
73	格螨酯	2，4-dichlorophenyl benzenesulfonate	热带和亚热带水果	0.01*
74	庚烯磷	heptenophos	热带和亚热带水果	0.01*
75	环螨酯	cycloprate	热带和亚热带水果	0.01*
76	甲胺磷	methamidophos	热带和亚热带水果	0.05
77	甲拌磷	phorate	热带和亚热带水果	0.01
78	甲磺隆	metsulfuron-methyl	热带和亚热带水果	0.01
79	甲基对硫磷	parathion-methyl	热带和亚热带水果	0.02
80	甲基硫环磷	phosfolan-methyl	热带和亚热带水果	0.03*

（续）

序号	农药中文名称	农药英文名称	食品名称	限量（mg/kg）
81	甲基异柳磷	isofenphos-methyl	热带和亚热带水果	0.01*
82	甲氰菊酯	fenpropathrin	热带和亚热带水果	5
83	甲氧滴滴涕	methoxychlor	热带和亚热带水果	0.01
84	久效磷	monocrotophos	热带和亚热带水果	0.03
85	克百威	carbofuran	热带和亚热带水果	0.02
86	乐果	dimethoate	热带和亚热带水果	0.01
87	乐杀螨	binapacryl	热带和亚热带水果	0.05*
88	磷胺	phosphamidon	热带和亚热带水果	0.05
89	硫丹	endosulfan	热带和亚热带水果	0.05

（续）

序号	农药中文名称	农药英文名称	食品名称	限量（mg/kg）
90	硫环磷	phosfolan	热带和亚热带水果	0.03
91	硫线磷	cadusafos	热带和亚热带水果	0.02
92	氯苯甲醚	chloroneb	热带和亚热带水果	0.01
93	氯磺隆	chlorsulfuron	热带和亚热带水果	0.01
94	氯菊酯	permethrin	热带和亚热带水果	2
95	氯酞酸	chlorthal	热带和亚热带水果	0.01*
96	氯酞酸甲酯	chlorthal-dimethyl	热带和亚热带水果	0.01
97	氯唑磷	isazofos	热带和亚热带水果	0.01
98	茅草枯	dalapon	热带和亚热带水果	0.01*

（续）

序号	农药中文名称	农药英文名称	食品名称	限量（mg/kg）
99	灭草环	tridiphane	热带和亚热带水果	0.05*
100	灭多威	methomyl	热带和亚热带水果	0.2
101	灭螨醌	acequincyl	热带和亚热带水果	0.01
102	灭线磷	ethoprophos	热带和亚热带水果	0.02
103	内吸磷	demeton	热带和亚热带水果	0.02
104	氰戊菊酯和S-氰戊菊酯	fenvalerate and esfenvalerate	热带和亚热带水果	0.2
105	三氟硝草醚	fluorodifen	热带和亚热带水果	0.01*
106	三氯杀螨醇	dicofol	热带和亚热带水果	0.01
107	杀虫脒	chlordimeform	热带和亚热带水果	0.01

（续）

序号	农药中文名称	农药英文名称	食品名称	限量（mg/kg）
108	杀虫畏	tetrachlorvinphos	热带和亚热带水果	0.01
109	杀螟硫磷	fenitrothion	热带和亚热带水果	0.5
110	杀扑磷	methidathion	热带和亚热带水果	0.05
111	水胺硫磷	isocarbophos	热带和亚热带水果	0.05
112	速灭磷	mevinphos	热带和亚热带水果	0.01
113	特丁硫磷	terbufos	热带和亚热带水果	0.01*
114	特乐酚	dinoterb	热带和亚热带水果	0.01*
115	涕灭威	aldicarb	热带和亚热带水果	0.02
116	戊硝酚	dinosam	热带和亚热带水果	0.01*

（续）

序号	农药中文名称	农药英文名称	食品名称	限量（mg/kg）
117	烯虫炔酯	kinoprene	热带和亚热带水果	0.01*
118	烯虫乙酯	hydroprene	热带和亚热带水果	0.01*
119	消螨酚	dinex	热带和亚热带水果	0.01*
120	辛硫磷	phoxim	热带和亚热带水果	0.05
121	溴甲烷	methyl bromide	热带和亚热带水果	0.02*
122	氧乐果	omethoate	热带和亚热带水果	0.02
123	乙酰甲胺磷	acephate	热带和亚热带水果	0.02
124	乙酯杀螨醇	chlorobenzilate	热带和亚热带水果	0.01
125	抑草蓬	erbon	热带和亚热带水果	0.05*

（续）

序号	农药中文名称	农药英文名称	食品名称	限量（mg/kg）
126	茚草酮	indanofan	热带和亚热带水果	0.01*
127	蝇毒磷	coumaphos	热带和亚热带水果	0.05
128	治螟磷	sulfotep	热带和亚热带水果	0.01
129	艾氏剂	aldrin	热带和亚热带水果	0.05
130	滴滴涕	DDT	热带和亚热带水果	0.05
131	狄氏剂	dieldrin	热带和亚热带水果	0.02
132	毒杀芬	camphechlor	热带和亚热带水果	0.05*
133	六六六	HCH	热带和亚热带水果	0.05
134	氯丹	chlordane	热带和亚热带水果	0.02

（续）

序号	农药中文名称	农药英文名称	食品名称	限量（mg/kg）
135	灭蚁灵	mirex	热带和亚热带水果	0.01
136	七氯	heptachlor	热带和亚热带水果	0.01
137	异狄氏剂	endrin	热带和亚热带水果	0.05
138	吡唑醚菌酯	pyraclostrobin	干制无花果	30
139	马拉硫磷	malathion	干制无花果	1
140	乙烯利	ethephon	干制无花果	10
141	乙烯利	ethephon	无花果蜜饯	10

注：*该限量为临时限量。引自《食品安全国家标准　食品中农药最大残留限量》（GB 2763—2021）。